# BEI GRIN MACHT SICH IHR WISSEN BEZAHLT

- Wir veröffentlichen Ihre Hausarbeit, Bachelor- und Masterarbeit

- Ihr eigenes eBook und Buch - weltweit in allen wichtigen Shops

- Verdienen Sie an jedem Verkauf

Jetzt bei www.GRIN.com hochladen und kostenlos publizieren

marie john

Das Oberschlesische Industriegebiet

Arbeitgeber und Umweltlast zugleich

GRIN Verlag

Bibliografische Information der Deutschen Nationalbibliothek:

Die Deutsche Bibliothek verzeichnet diese Publikation in der Deutschen National-
bibliografie; detaillierte bibliografische Daten sind im Internet über http://dnb.d-
nb.de/ abrufbar.

Dieses Werk sowie alle darin enthaltenen einzelnen Beiträge und Abbildungen
sind urheberrechtlich geschützt. Jede Verwertung, die nicht ausdrücklich vom
Urheberrechtsschutz zugelassen ist, bedarf der vorherigen Zustimmung des Verla-
ges. Das gilt insbesondere für Vervielfältigungen, Bearbeitungen, Übersetzungen,
Mikroverfilmungen, Auswertungen durch Datenbanken und für die Einspeicherung
und Verarbeitung in elektronische Systeme. Alle Rechte, auch die des auszugsweisen
Nachdrucks, der fotomechanischen Wiedergabe (einschließlich Mikrokopie) sowie
der Auswertung durch Datenbanken oder ähnliche Einrichtungen, vorbehalten.

Impressum:

Copyright © 2006 GRIN Verlag GmbH
Druck und Bindung: Books on Demand GmbH, Norderstedt Germany
ISBN: 978-3-640-19093-5

Dieses Buch bei GRIN:

http://www.grin.com/de/e-book/116772/das-oberschlesische-industriegebiet

GRIN - Your knowledge has value

Der GRIN Verlag publiziert seit 1998 wissenschaftliche Arbeiten von Studenten, Hochschullehrern und anderen Akademikern als eBook und gedrucktes Buch. Die Verlagswebsite www.grin.com ist die ideale Plattform zur Veröffentlichung von Hausarbeiten, Abschlussarbeiten, wissenschaftlichen Aufsätzen, Dissertationen und Fachbüchern.

Besuchen Sie uns im Internet:

http://www.grin.com/

http://www.facebook.com/grincom

http://www.twitter.com/grin_com

Bayrische Julius –Maximilians Universität Würzburg

Einführungsseminar Anthropogeographie

23.Januar 2006

„Das Oberschlesische Industriegebiet –

Arbeitgeber und Umweltlast zugleich"

vorgelegt von:

Marie John

Inhaltsverzeichnis

1. Einleitung

Auf der Grundlage der Land –und Waldwirtschaft wäre Oberschlesien nicht zu einem Industrierevier gewachsen. Die tragende Rolle spielte hierbei die große Fülle an Bodenschätzen, die gefördert und exportiert wurden.

Die Fragestellung in dieser Arbeit lautet, welche Probleme eine so immense Förderung mit sich bringt und auf welche Lebewesen und Lebensvorgänge sie Einfluss hat. Dabei soll auch die fortschreitende positive Entwicklung im Revier nicht außer Acht gelassen werden.

2. Topographische Einordnung

„Ein breites Band von Steinkohlevorkommen zieht sich von Schottland über Mittel- und Südengland in das nordfranzösisch- belgische Revier und von dort über das Saarland und Ruhrgebiet nach Oberschlesien bis in das Donezkbecken." (Fischer 2000, S. 80)

In dieser Arbeit liegt das Hauptaugenmerk auf dem Oberschlesischen Industriegebiet.

Es wird als das „bedeutendste Industriegebiet Ostmitteleuropas" bezeichnet oder auch als das „Ruhrgebiet des Ostens" (Fuchs 1985, S.159)

Das Oberschlesische Industriegebiet befindet sich im Süden Polens, der Mittelpunkt des Industriegebiets ist die Stadt Kattowitz\ Katowice. Der altindustrielle Raum stellt das Zentrum der polnischen Industrie dar und ist etwas doppelt so groß wie das Saarland.

(Oberschlesisches Industrierevier 1994, S. 45)

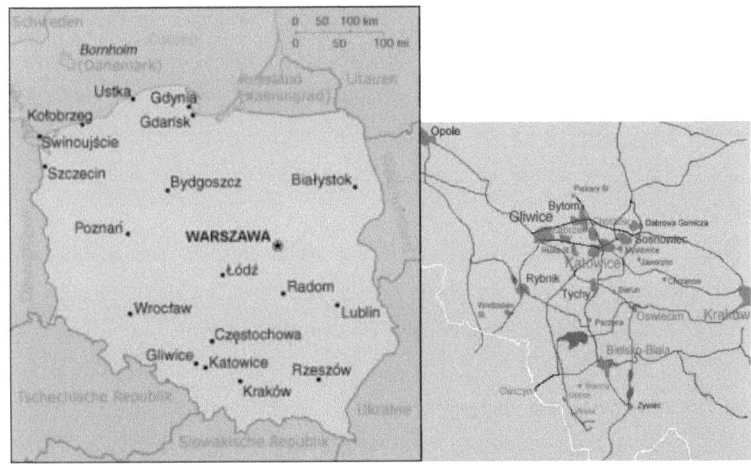

(Polen, 14.01.2006)   (Oberschlesisches Industriegebiet, 14.01.2006)

Die wirtschaftliche Entwicklung Oberschlesiens war seit dem 18. Jahrhundert einmal durch die Gewinnung, aber auch durch die Verarbeitung seiner Bodenschätze Steinkohle, Eisen- Zink- und Bleierze gekennzeichnet. (Fuchs 1985, S. 35)

Es waren eben diese bedeutenden Steinkohlevorkommen im Oberschlesischen Industriegebiet, die es zu einem Zentrum der Schwerindustrie prädestinierten. Ein großer Teil Oberschlesiens umfasste Ablagerungen der oberen Karbonzeit, in die Steinkohleflöze eingelagert sind. (Fuchs 1990, S. 159)

Das Gesamtvorkommen der Steinkohle wird auf 60 Mrd. Tonnen geschätzt. Vorteile der oberschlesischen Lagerstätten bestehen in der geringen Tiefe der Flöze in durchschnittlich 400 –500 Metern und einer relativ großen Flözmächtigkeit von 1,5 Metern. Ebenfalls ist ein hoher Brenngehalt von 6000 Kcal charakteristisch für die Steinkohle Oberschlesiens. (Welfens 1989, S. 360)

3. Entwicklungsgeschichte der GOP

„Steinkohle und die Erfindung der Dampfmaschine bilden die Grundlage der industriellen Revolution, die von England ausging, den Kontinent und schließlich die Welt erfasste."
(Fischer 2000, S. 80)

Wie stark die Steinkohleproduktion während des ersten Quartals des 19. Jahrhunderts in Oberschlesien wuchs, verdeutlichen die folgenden Zahlen: Während zu Beginn des Jahrhunderts lediglich 350.000 Zentner Steinkohle gefördert wurden, waren es 1822 bereits 3.500.000 Zentner. Innerhalb von nur drei Jahren, bis 1825, verdoppelte sich die Förderung auf 7.000.000 Zentner. Der Grund für diese außerordentlich starke Produktionssteigerung innerhalb eines Zeitraums von 25 Jahren lag weitestgehend im Bedarf der Zinkindustrie.
(Fuchs 1990, S. 161)

Das Oberschlesische Industriegebiet war bis nach dem 2. Weltkrieg keine dauerhaft politisch geordnete oder wirtschaftlich optimal vernetzte Einheit. Erst 1952 bildete sich die eigentliche GOP (polnisch = Górnoslaski Okreg Przemsylomy). (Welfens 1989, S. 359)

„Nach der Verstaatlichung der Bergwerke (1945) setzt in Polen eine staatliche Industrialisierung ein, die auf der Basis von Steinkohle und Stahlindustrie zu einer Agglomeration von 4 [Millionen] Einwohnern führte. Der Kohlebergbau war mit Kohlehobeln und Schrämladern modernisiert worden – in der Regel mit Maschinen aus

Spezialgebieten der Region – doch die Emission aus den veralteten Eisen-, Stahl-, und Kohlekraftwerken festigte das Bild von Europas schmutzigstem Industrierevier."

(Fischer 2000, S. 81)

Polen war in der Folgezeit der Planwirtschaft unterstellt und auf eine möglichst maximale Ausschöpfung der heimischen Rohstoffe aus, um auf dem Energie- und Rohstahlsektor eine weitgehende Autarkie zu erreichen.

(Frank 1995, S, 21)

Die Modernisierungsfolgen und die Bildung der GOP machen sich in der Steinkohleförderung bemerkbar. Waren es 1949 noch 70 Mio. t, so stieg die Fördermenge innerhalb von 30 Jahren, bis 1979, auf 197 Mio. t. Proportional dazu entwickelte sich auch die Beschäftigtenzahl innerhalb der GOP. Diese stieg von 270.000 im Jahre 1953 auf 400.000 Beschäftigte 1980. Nach 1990 nahm die Förderung und die Beschäftigtenzahl weiter ab, von 193 Mio. t geförderter Steinkohle 1998 auf 136 Mio. t. 1991. In der Statistik der Beschäftigtenzahl wurden in dieser Zeit folgende Zahlen erreicht. 1988 waren es noch 450.000 Beschäftigte, wohingegen es 1991 nur noch 370.000 Arbeiter waren. (Frank 1995, S. 22)

Steinkohleförderung in Mio. t (GOP)

Jahr	1949	1960	1975	1979	1981	1988	1991
	70	100	168	197	160	193	136

(Frank1995, S.22)

Beschäftigte im Steinkohlebergbau (GOP)

Jahr	1953	1960	1975	1980	1988	1991
	270.000	300.000	360.000	400.000	450.000	370.000

(Frank 1995, S. 22)

Gründe für diese rückläufige Entwicklung liegen in der Auflösung des „Rates für gegenseitige Wirtschaftshilfe (RGW)" 1991. Polen war seit 1949 Mitglied in dieser Organisation, welche die wirtschaftliche Entwicklung ihrer Mitglieder unterstützte und auch koordinierte. Ebenfalls fand ein Austausch von Rohstoffen, Agrarprodukten, Investitionsgütern und technischem Wissen zwischen den Mitgliedsstaaten im Vordergrund. Nach dem Zusammenbruch wegen politischen und wirtschaftlichen Verhältnissen in der kommunistischen Welt, waren Betriebe nun nicht mehr so konkurrenzfähig, könnten ihre Erzeugnisse nicht mehr absetzen oder mussten sogar ihre Produktion gezwungenermaßen einstellen.

(Rat für gegenseitige Wirtschaftshilfe 2001, Microsoft® Encarta® Enzyklopädie)

Die Woiwodschaft Katowice wird aufgrund seiner breit ausgebauten Schwerindustrie, sowie seiner reichen Bodenschätze als der industrielle Schwerpunkt Polens angesehen. Dort entstanden bspw. 1987 18,7% der polnischen Industrieproduktion. Sie war eine für die Wirtschaftsentwicklung Polens wichtige Schwerpunktregion.

Polen war 1989 der viertgrößte Steinkohleexporteur der Welt, dies brachte dem Land wichtige Devisen. Sein Anteil an der Weltproduktion betrug 1987 mit ca. 200 Mio. Tonnen rund 6%. (Welfens 1989, S, 360)

Ab 1990 musste sich die Region der wiedereingeführten Marktwirtschaft stellen und sich damit einem vorschreitenden und notwendigen Strukturwandel unterstellen.
 (Domanski 1998, S. 35)

Die Kohleförderung – 1985 noch 188,6 Millionen Tonnen – betrug ab 2002 nur noch 122 Millionen Tonnen. Die Zahl der Bergleute ging von 400 000 auf 140 000 zurück. Die Stahlindustrie reduzierte ihre Beschäftigtenzahl von 108 000 auf 45 000. Rechnet man die an die Schwerindustrie gekoppelten Arbeitsplätze anderer Branchen hinzu, die ebenfalls verloren gingen, müssen 300 000 neue Arbeitsplätze geschaffen werden. (Fischer 2000, S.81)

Ebenfalls negativ anzumerken sind die begrenzten Ausbildungskapazitäten innerhalb der Wojewodschaft im Dienstleistungsbereich Finanzen und Consulting. Seit Jahrzehnten werden Schulabgänger in handwerkliche Berufsschulen gedrängt. Dies hat niedrige Beschäftigungsanteile im Dienstleistungssektor zur Folge. Dieser müsste jedoch dringend weiter ausgebaut werden. Viele Firmen suchen nach qualifizierten Mitarbeitern oftmals vergeblich, da die Zahl der Hochschulabsolventen spärlich ist.
Weitere entscheidende Beeinträchtigungen sind der geringe Wohnstandart und mangelnde Gesundheitsvorsorge. (Domanski 1998, S. 37)
Auf diesen Fakt gehe ich im Gliederungspunkt 5 noch einmal ein.

4. Siedlungssituation der GOP

4.1 Allgemeine Feststellungen

Die Industrieentwicklung Oberschlesiens wurde von einem breit gefächerten Städtebauprogramm begleitet. Das Gebiet besaß Ende des 18. Jahrhunderts keine Stadt mit mehr als 3000 Einwohnern.

Industrie – und Siedlungspolitik wirkten zusammen mit den natürlichen Standortfaktoren auf diese Schwerpunktregion hin.

Historisch geht die Grundstruktur der Städte Oberschlesiens auf die 2. Hälfte des 19. Jahrhunderts zurück. Während des deutsch –französischen Krieges wurde die Industrialisierung Oberschlesiens weit vorangetrieben. Es entstanden in unmittelbarer Nähe zu den Hochöfen und Kokerein Wohnsiedlungen der Arbeiter. Diese Arbeits-, Wohn- und Industrielandschaft blieb in ihrer Struktur bis heute ähnlich. (Welfens 1989, S. 360)

Dies ist auch darauf zurückzuführen, dass das Oberschlesische Industriegebiet im Zweiten Weltkrieg kaum beschädigt wurde. (Fischer 2000, S. 81)

4.2 Gründe für die schnellere Entwicklung einiger Gebiete

Der Stand der Besiedelung Oberschlesiens ist ein Kind der Industrie und gründet sich auf die besseren Lebensbedingungen, welche die Industrie geschaffen hat. Der gesamte Regierungsbezirk Oppeln hatte 1781 nur 371 404 Einwohner, im Jahre 1912 waren es schon 2 267 981, die Einwohnerzahl hat sich demnach in 130 Jahren versechsfacht. Bei diesem Aufschwung ist das landwirtschaftliche Westoderland zurückgeblieben; am stärksten ist die Bevölkerung des Industrielandes gewachsen: im alten Kreis Beuthen hat sie sich um 4408% vermehrt. Der Aufstieg beginnt im Wesentlichen nach den Befreiungskriegen und geht – mit gelegentlichen Unterbrechungen durch Hungersnöte oder Epidemien in ein stürmisches Tempo über, doch mit charakteristischen Unterschieden: die rein landwirtschaftlichen Kreise mit unfruchtbaren Böden (Lublinitz, Rosenberg und Kreuzberg) blieben stark zurück; im fruchtbaren Ackerbaukreis Leobschütz entwickelte sich die Bevölkerungszahl rasch. Die Kreise, die in den Wirkungsbereich der Industrie unmittelbar hineingezogen wurden entwickelten sich kräftiger, je nach Anteil der Industrie. (Volz 1921, S. 45– 47)

4.3 Besiedlungsprogramme

Die Industriearbeiter rekrutierten sich vornehmlich aus der landwirtschaftlichen Bevölkerung der nahegelegenen Kreise. In Oberschlesien, wo der Geburtenüberschuss besonders groß und der landwirtschaftliche Ertrag in den meisten rechts der Oder gelegenen Kreisen gering war, bestand über Jahrzehnte ein starker Trend, in die oberschlesischen Industriezentren abzuwandern. So war die Zuwanderung in das Industrierevier aus dem nahegelegenen, landwirtschaftlich unergiebigen Kreis Lublinitz besonders hoch, wo im übrigen die männliche Analphabeten (23,1%) weit über dem Durchschnitt des Regierungsbezirkes (14,4%) lag. Armut und durchschnittliches Bevölkerungswachstum in den naheliegenden landwirtschaftlich geprägten Kreisen sorgten noch lange für den Hauptnachschub an Arbeitern für den Bergbau und die Hüttenindustrie in Oberschlesien. (Komarek 1998, S. 325)

Das aufstrebende Revier benötigte während der ersten Hälfte des 19.Jahrhunderts mehr Beschäftigte auf den unterschiedlichsten Ebenen, als Oberschlesien selbst hergeben konnte, obwohl seit der Bauernbefreiung 1807 zahlreiche Landarbeiter für aufbauende Industriezweige zur Verfügung standen. Daher wurden nicht nur Facharbeiter, vor allem aus Deutschland, d.h. aus dem außerschlesischen Raum, sondern ebenfalls ungelernte Arbeitskräfte aus Galizien und dem Großherzogtum Warschau angeworben.
(Komarek 1998, S, 328)
Dennoch ergaben sich dabei einige Schwierigkeiten: „Versuche, durch eine staatliche Kolonisation mehr Deutsche nach Oberschlesien zu ziehen, waren wenig erfolgreich, bis 1770 konnten durch diese Aktion nur 350 deutsche Familien in Oberschlesien angesiedelt werden. Erfolgreicher waren die Bemühungen des Ministers Hoym, der den Grundherren eine staatliche Beihilfe bei der Schaffung von Siedlerstellen versprochen hatte. In der am 28.08.1773 veröffentlichen ‚Deklaration, nach welcher in Schlesien an schicklichen Orten neue Dörfer erbaut werden sollten´, knüpfte der Minister den Wunsch an, es mögen Ausländer bei der Belieferung bevorzugt und Deutsche in polnische und Polen in deutschen Gebieten untergebracht werden´.
Dieses Kolonisationsprogramm fand jedoch rasch ein schnelles Ende, denn der Aufwand (Rodung des Waldes, Ausstattung mit Vieh und Gerät und spätere Zuschüsse) war zu erheblich und die Erträge zu gering, denn diese Art der Kolonisation stand nicht im Zusammenhang mit dem Aufbau des Berg- und Hüttenwesens, da die Eingewanderten in den ersten Jahren von ihren Stellen im Bergbauwesen nicht leben konnten und noch Nebenverdiensten nachgehen mussten, wie beispielsweise Holzschlagen, Kalkbrennen oder Grabenarbeit. Außerdem ist zu erwähnen, dass sich die Eingewanderten nur schwer an die neuen, ungewohnten Lebensbedingungen gewöhnten, die von öfteren Mangel an Nahrungsmitteln und häuslicher Einrichtung geprägt waren, und kehrten häufig wieder in die Heimat zurück. (Komarek 1998, S. 327)

Im Erzbergbau arbeiteten die meisten Bergleute nur in den Wintermonaten von November bis März und der niedrigste Beschäftigungsstand fiel in die Erntezeit (Juli bis August), denn für mehr als die Hälfte der Bergleute blieb die Arbeit unter Tage wie bereits erwähnt zunächst Nebenbeschäftigung neben ihrer landwirtschaftlichen Tätigkeit. Der Prozess der Herausbildung einer ständigern Bergarbeiterbelegschaft dauerte daher länger.
(Komarek 1998, S. 330)

4.4 Heutige Daten

Am Beispiel der Woiwodschaft Katowice festgemacht, ergeben sich folgende Zahlen: die Region nimmt nur 2,1 der Gesamtfläche Polens ein, doch leben dort 10,5% der Bevölkerung, dies entspricht 3, 95 Mio. Menschen. Die Bevölkerungsdichte beträgt - im Bezug zum polnischen Durchschnitt von 120 Einwohnern/km² gesehen – rund 600 Einwohner/km². (Welfens 1989, S. 359 –369)

5. Anthropogene Einflüsse auf die Umwelt

Seit dem 19. Jahrhundert haben bedeutende Umweltveränderungen nicht mehr natürliche Ursachen, sondern sind hauptsächliche Folgen der wirtschaftlichen Aktivität des Menschen. Am schärfsten sind sie dort zu beobachten, wo schon vor Jahrhunderten intensiv industrielle und bergbauliche Aktivitäten betrieben wurden. Die Anfänge des Bergbaus und der Silber- und Bleimetallurgie reichen bis in 12. und 13. Jahrhundert zurück. Die zahlreichen Förderschächte, sowie der Bau von kilometerlangen Stollen, zeigen das Ausmaß menschlicher Eingriffe in dieser Region bereits im 16. und 17. Jahrhundert. Die Kohlegewinnung wird seit dem Ende des 18. Jahrhunderts betrieben. Dagegen fing die intensive Entwicklung der Industrie und die Verstädterung erst im 19. Jahrhunderts an.
Die Schwierigkeit bei der Beurteilung der durch den Menschen beeinflussten Umweltveränderungen ist der unterschiedliche Charakter der Prozesse.
Vielfach ist es schwierig, Effekte der menschlichen Einwirkung (Anthropopression) als diese zu identifizieren, weil sie ihren künstlichen Charakter infolge ihrer Wirkung auf die anthropogenen Formen der natürlichen Veränderungsprozesse verloren haben und sich den natürlichen Formen angeglichen haben. (Czaja 1997 b, S. 117 –118)
„Zechenstilllegungen wegen Unrentabilität, Schließungen von Stahlwerken als Umweltschutz und der Rückgang der Industrieproduktion [verringern] nicht schlagartig die ökologischen Folgen einer über 200 Jahre dauernden Ausbeutung der Ressourcen. Zwar geht die Luftverschmutzung seit 1989 zurück, doch behindern Altlasten, Luft- und

Wasserverschmutzung den wirtschaftlichen Wandel, auch wenn lokal Maßnahmen zu deren Beseitigung Erfolge zeigen." (Fischer 2000, S. 81)

Die Kohleförderung ähnelt teilweise einem Raubbau, denn die Vorkommen werden nicht optimal ausgebeutet, sondern 50% der technisch zugänglichen Steinkohlevorkommen werden nicht abgebaut. (Welfens 1989, S. 360)

5.1 Veränderungen der Oberflächenform

In den folgenden Ausführungen nehme ich Bezug zur Stadt Swietochlowice.

Die intensive Entwicklung der rohstofffördernden und verarbeitenden Industrie und der Verstädterung sowie die Konzentration der Verkehrslinien bewirkten eine fast vollständige Denudation[1] des Stadtgebietes. Im heutigen Stadtgebiet existierten nur zwei kleine Siedlungen, Chropaczow und Swietochlowice, sowie die einzelnen Gebäude, die sich auf den nördlichen und nordöstlichen Teil der heutigen Stadt beschränkten. Zu den Industriegebäuden zählten Mühlen, Sägewerke und Schmieden. Der um die Mitte des 19. Jahrhunderts intensiv einsetzende Bergbau, die Entwicklung der Hüttenindustrie, sowie die Verstädterung führten bereits um 1880 zu erheblichen Reliefveränderungen. Ein geschlossenes Stadtgebiet, die Industriebebauung und degradierende Flächen bestimmten zu dieser Zeit mehr als 50% der heutigen Fläche von Swietochlowice. Heute zählt das Stadtgebiet zu dem Teil der GOP, indem die anthropogene Formen fast 100 % der Fläche einnehmen, die größte Änderung des Reliefs bewirkte der Untertagebau. Er führte zu Setzungen und Einsenkungen des Gebietes. Diese nehmen gegenwärtig circa 6 km² ein, was 45 % der Stadtfläche entspricht. Die Anschüttungen, Schürfgräben, Abhänge und Ausgleichsflächen, die an die Entwicklung der Verkehrslinien gebunden sind, treten gleichmäßig in Form von 15 % im ganzen Stadtgebiet auf.

Mehr als 40 Hektar des Stadtgebiets, d.h. circa 10 %, nimmt die Lagerung von Produktionsabfällen und Bergbauabraum ein. Zwar wurden die Kipphalden im östlichen und mittleren Teil rekultiviert, doch die Halden im westlichen Teil wurden ohne Bodendecke planiert.

Ebenfalls auf die wirtschaftlichen Aktivitäten des Menschen zurückzuführen ist der hohe Degradierungsgrad der Böden der GOP. Sichtbar wird dies im Schwund an Naturgebieten zugunsten des Baus von Städten, Industriebetrieben, Verkehrslinien, Tagebauen für Rohstoffe und Lagerung von Produktionsabfällen. (Czaja 1997 a, S. 397 –399)

---

[1]Denudation ist der Sammelbegriff für die flächenhafte Erosion (Abtragung) des Bodens. (Microsoft® Encarta® Enzyklopädie 2001)

5.2 Veränderungen der Gewässer

Ein weiteres, folgenschweres Problem stellen die Abwässer dar. Der Bach Chropaczowski, der das Wasser aus dem nordwestlichen Stadtgebiet abführt, ist ein Sammler des Grubenwassers und der Stadt- und Industriebabwässer. Der südliche und mittlere Teil wird vom Fluss Rawa entwässert und auch dieser fungiert als „Sammler" in östlicher Richtung. Diese zwei Wasserläufe führen erheblich mehr Wasser, als sich dies aus dem Regen ergeben würde. Der Grund hierfür ist, dass zusätzliche Mengen von außerhalb der GOP zugeführt werden. Diese Wässer werden nach der Nutzung in wirtschaftlichen Prozessen in den örtlichen Kreislauf als Stadt- und Industrieabwässer eingebunden. Ein wesentlicher Teil der Flüsse besteht deshalb aus Grubenwasser, das aus Gebieten außerhalb des Einzuggebietes stammt. Resultierend daraus, ist die Abflussmenge an Abwässern in Swietochlowice eine der höchsten Gebiet der GOP. Ein weiteres Problem besteht darin, dass die aus dem Stadtgebiet abgeführten Abwässer nur zu 31% geklärt werden und dies lediglich in einem mechanischen Klärprozess. Zu den Verschmutzungsquellen des Oberflächenwassers zählen auch die Niederschläge, welche die Staub- und Gaserschmutzungen aus der Stadt- und Industriegebietes spülen. Diese wurden aus den örtlichen Industriebetrieben und auch aus den Nachbargebieten emittiert.

Eine weitere Form des menschlichen Einwirkens wird ersichtlich, wenn man die künstlichen Seen im ganzen Gebiet der GOP betrachtet. Diese sind das Ergebnis gezielter oder nicht beabsichtigter Aktivitäten und unterscheiden sich in Alter und Genese, jedoch sind sie am häufigsten an die Entwicklung des Bergbaus in dieser Region gebunden. Man unterscheidet zwischen Staubecken, Abbau- und Einsenkungs- und Industriebecken. In den Jahren 1814– 1995 existierten im Stadtgebiet 175 Wasserbecken, aber keines der Becken aus dem Jahr 1814 ist heute noch vorhanden. 7 Wasserbecken sind aus den Jahren 1881- 1883 sind bis in die Gegenwart erhalten geblieben, jedoch mit veränderter Form. Heute nehmen die anthropogenen Wasserbecken 3 % der Stadtfläche ein. (Czaja 1997 a, S. 398)

5.3 Veränderungen des Klimas

Auch das Stadtklima wird vom GOP modifiziert. Dies wird in den thermischen Änderungen durch erhöhte Temperatur vor allem im Winter und durch bedeutende Niederschlagsmengen deutlich. Ebenfalls ersichtlich wird eine Verringerung der Tage mit Nebel und bedeckter Tage, sowie eine Verringerung der Sonneneinstrahlung. (Czaja 1997 a, S.398-399)

5.4 Veränderungen der Luft

„Durch die Lage von Swietochlowice im zentralen Teil der GOP ist eine erhebliche Luftverschmutzung zu beobachten. Die Verschmutzung ist die Summe der Schadstoffkonzentration, die aus dem zentralen und westlichen Teil des Ballungsgebietes sowie aus den Emissionsquellen der Stadt selbst stammen. Die jährliche Staubemission aus dem Stadtgebiet betrugen [sic!] im Jahr 1990 1023 Tonnen, die Gasemission 2385 Tonnen. Die Hauptsubstanzen der Verschmutzung sind Schwefeloxid, Stickstoffoxide, Blei, Formaldehyd, Phenol, Fluorwasserstoff, Ammoniak, Zyklohexan und Cadium. Alle diese Substanzen überschreiten um ein Vielfaches die zulässige Maximalkonzentration und sind somit sehr gefährlich, vor allem für die Stadtbevölkerung in der Nähe der Emittenten. [...] Um die Auswirkungen der Luftverschmutzung in Swietochlowice zu begrenzen, wurden Schutzzonen um belastende Betriebe und die Lager der Produktionsabfälle vorgeschlagen. In vielen Fällen sind es Lager für Substanzen, die gesundheitsschädlich sind. Für sie betragen die Schutzzonen 100 bis 300 Meter in Abhängigkeit von der Art der gelagerten Substanzen und der Zeitdauer der Lagerung. [...] Bei der Analyse der Schutzgebiete muss man feststellen, dass fast das gesamte Stadtgebiet in Schutzzonen mit unterschiedlichem Gefahrenpotential bezüglich der Schädlichkeit der Industriebetriebe und Lager von Produktionsabfällen für Menschen und Umwelt eingeteilt werden müsste. Es scheint aber in den nächsten Jahren unmöglich, die Emission auf die zulässigen Grenzkonzentrationen zu senken."

(Czaja 1997 a, S. 399)

Gesamt gesehen galt schon in den 50er Jahren das Oberschlesische Industriegebiet wegen dessen Luftqualität als der belastetste Industrieballungsraum Europas, da beispielsweise 1958 rund 1,1 Mio. Tonnen Staub emittiert wurden. Davon stammten etwa 80 % von industriellen Emittenten, 11,8 % aus Haushalten und 8,2 % durch den Betrieb von Dampflokomotiven, wobei zu beachten ist, dass der Dampfzugebtrieb überwiegend der Industrie zugeordnet werden muss. (Kühne 2003, S. 54 –55)

Als Hauptemittenten der Gasemission sind neben Kraftwerken die chemische Industrie und die Buntmetallverhüttung zu nennen. Ursachen hierfür sind neben der Steigerung der Produktion in der Schwerindustrie auch die Exportstruktur des polnisches Bergbaus. Exportiert wurde gegen Devisen hochwertige Schwefelsorten, während nur die minderwertigen, schwefelreichen Kohlesorten der heimischen Industrie zur Verfügung gestellt wurden. Mit der Systemtransformation verringerte sich die Schadstoffemission. Dabei sank der Anteil Oberschlesiens an der nationalen industriellen Gasemission von 35,3 % im Jahr 1983 auf rund 20% im Jahr 2002. Im selben Zeitraum verringerte sich der Anteil der

Staubemission von 28,8 % auf rund 17%. Eine Verschiebung hinsichtlich der Umweltbelastung ist zu verzeichnen, da wie bereits beschrieben die Gas- und Staubemission sank, jedoch der Anteil der industriellen Schwefeldioxidemission sich nur schwach verringerte:65,3% der 106 300 Tonnen SO2 –Emission stammt aus industriellen Quellen. (Kühne 2003, S.55)

5.5 Ursachensuche

Ein Grund der schlechten Umweltbedingungen im Oberschlesischen Industriegebiet ist das sozialistische Wirtschaftssystem, das gegenüber dem marktwirtschaftlichen ein großes Defizit besaß: bei halber Produktivität (gegenüber dem Westen) wurde gleichzeitig der dreifache Energiebedarf benötigt. Dies resultiert aus technologischen und organisatorischen Defiziten: Vernachlässigung von Ersatz-, zugunsten von Erweiterungsinvestitionen (beispielsweise bei dem Bau der Huta Katowice, durch welche die Produktion alter, emissionsintensiver Hüttenwerke ergänzt und nicht ersetzt wurde), mangelnder Innovationsfähigkeit des sozialistischen Wirtschaftssystems, mangelnde Sorgfalt der Belegschaft im Umgang mit Produktionsmitteln und dem Handeln von Funktionären im Bewusstsein der schier uner-
schöpflichen scheinende Rohstoffvorräte. (Kühne 2003, S. 57)
Bei der Standortpolitik von Industriebezirken dominierten über den ökologischen Fragestellungen andere Überlegungen, wie eine militärisch- strategisch oder eine verkehrsinfrastrukturell günstige Lage. Außerdem wurden die industriellen Einheiten möglichst groß dimensioniert um eine Vereinfachung des Planungsprozesses zu gewährleisten, denn wenige große Produktionseinheiten sind besser zu steuern als mehrere kleine. Des weiteren waren die finanziellen Aufwendungen Polens für den Umweltschutz sehr gering, ihnen wurde nicht die nötige Priorität zugesprochen. 1975 waren es 1,5 % des BSP als finanzielle Unterstützung der Umweltpolitik, 1979\80 waren es nur noch 0,4- 0,5 %. (Czaja 1997a, S. 398)

5.6 Erste Lösungsansätze

Ein Schritt in die richtige Richtung ist Ecocoal. Die Technische Hochschule Gliwice (Gleiwitz) entwickelte unter dem Aspekt der Umweltverbesserung ein Verfahren, bei dem Rohkohle entgast wird, dabei fällt gleichzeitig Brenngas für die Energieerzeugung an. Hierbei wird eine neue Reaktortechnik eingesetzt. Unter dem Hintergrund, dass Polen einen hohen Bedarf an Wärmeerzeugung besitzt wurde dahingehend geforscht, dass aus dem gewonnenen Koksgrus raucharme Briketts hergestellt werden. Der raucharme Brennstoff – Ecocoal – ist vor allem für den Einsatz in Haushalten vorgesehen, hierbei ist positiv anzumerken, dass besonders in den umweltbelasteten Gebieten Oberschlesiens Emissionen an Staub und Schwefeldioxyd drastisch vermindert werden können. Geplant wird ebenfalls eine Umsetzung der Technik im großtechnischem Maßstab. (Frank 1995, S.23)

6. Einflüsse auf den Menschen

Die Folge der mangelnden Umweltpolitik ist die erhebliche Versauerung der Niederschläge, welche zu einer Versauerung der Böden führt. Der Boden pH-Wert sinkt ab und die zuvor absorbierten Schwermetalle werden mobilisiert und somit pflanzenverfügbar, wodurch sie in die Nahrungskette und mit dem Sickerwasserstrom in das Grundwasser gelangen können.

Bereits heute werden die zulässigen Grenzwerte für Schwermetalle in Gemüse in weiten Teilen Oberschlesiens um ein Vielfaches überschritten. Durch die in Oberschlesien ausgeprägte Schrebergärtenkultur entsteht eine Schwermetallaufnahme der Bevölkerung. (Kühne 2003 S. 59)

Das Resultat sind blasse, hagere Jugendliche, die fast alle Haltungsschäden haben als Folge des erhöhten Bleigehalts, der die Knochen weich macht .So berichtet Ryszard Gerber, ein oberschlesischer Arzt und Umweltschützer.

Auch der Regierungsbeamte Wojciech Beblo spricht von sich häufenden Krebserkrankungen im Weichseltal, da der größte Teil der ungeklärter Abwässer, die salzhaltig und teilweise schwach radioaktiv sind, in Oder und Weichsel geführt werden.

Zwischen den Kohlegruben, Kraftwerken, Zink- und Bleihütten gibt es weiterhin genutzte Landfläche, denn die Menschen sind auf ihr selbst in Schrebergärten und kleinen Bauerhöfen angebautes Gemüse angewiesen. Dieses Gemüse macht ein Drittel des im Revier verzehrten Gemüses aus und ist oftmals verseucht. Zwar wird auch ökologisch einwandfreies Gemüse angeboten, nur können sich viele Menschen diesen „Luxus" einer gesunden Ernährung nicht leisten.

Das Ausmaß der Verunreinigung wird deutlich, wenn man sich vor Augen hält, dass im Kattowitzer Stadtteil Szopienice der Boden heute noch eineinhalb Meter tief von Schwermetallen verseucht ist. Zurückzuführen ist dies auf eine mitten im Wohngebiet liegende Zinkhütte. (Frank 1995, S. 22)

Von den 28 häufigsten Erkrankungsformen in Polen entfielen auf Katowice 1987 27% der insgesamt in Polen registrierten Berufskrankheiten, bei einem Bevölkerungsanteil von rund 10%. Es wird geschätzt, dass 70% der Bevölkerung unter hohen Gesundheitsrisiken leben. Im gesamtpolnischen Durchschnitt gesehen werden in Oberschlesien 34% mehr Krebsfälle,

47% mehr Krankheiten der Atemwege und 15% mehr Kreislaufstörungen diagnostiziert. Die schlechten Umweltbedingungen sind auch verantwortlich für die niedrigere Lebenserwartung und die höhere Säuglingssterblichkeit, die 1985 in Katowice auf 1000 Geburten gesehen um 9,5% höher war als der Gesamtdurchschnitt Polens. Außerdem leiden fünfmal so viele Kleinkinder wie in anderen Gebieten Polens an Rachitis und es kommt viermal häufiger zu Geburtsfehlern als im Landesdurchschnitt. (Welfens 1989, S. 363 –364)

7. Lösungsansätze führen zu einem fortschreitenden Strukturwandel

Aufgrund seiner langen industriegeschichtlichen Entwicklung und der daraus resultierenden Umweltbelastung galt und gilt das Oberschlesische Industriegebiet als eine der höchst belasteten Regionen Europas. Jedoch lässt sich durch den auftretenden Strukturwandel eine positive Entwicklungstendenz verzeichnen.

Im Oberschlesischen Industriegebiet finden sich, wie bereits erläutert, die typischen Folgen von Bergbau und Schwerindustrie für die Umwelt, resultierend daraus steht das GOP vor einer doppelten Herausforderung: ökonomischer Neubau und ökologische Erneuerung.
(Kühne 2003, S. 54)

7.1 Straßenbauprogramm

Ein großer Nachteil der Region ist die altersschwache Infrastruktur, diese ist schlechter als in anderen Wojewodschaften. Besonders im Zentrum des Industriereviers ist es dringend notwenig das Straßensystem zu erneuern. (Domanski 1998, S. 37)

Dem entgegen wirkt ein Straßenbauprogramm: „Der veralteten Infrastruktur soll durch den Bau von Autobahnen nach Deutschland, Österreich und Tschechien begegnet werden. Dadurch entstehen für ausländische Investoren Anreize, Oberschlesien als Industriestandort zu wählen. Positiv zu bewerten ist, dass die Zahl von kleinen und mittelständischen Unternehmen zunimmt, da der Anteil des privaten Sektors in Oberschlesien früher zu den niedrigsten des Landes gehört hatte.“ (Fischer 2000, S. 81)

Als ringförmige Umgehungsstraßen entlasten die Autobahnen die Stadt Gleiwitz. Ebenfalls verfügt Gleiwitz über einen der landesweit bedeutendsten Eisenbahnterminal für Container und Semitrailer, der per Expressservice mit Hamburg verbunden ist. (Domanski 1998, S, 40)

7.2 Ausländische Investoren im Revier

Ein Lichtblick war die Bekanntgabe von General Motors 1996, dass in Gleiwitz ein Opelwerk eröffnet werden soll. Geplant sind die Beschäftigung von 2000 Menschen und die jährliche

Produktion von 70 000 Fahrzeugen. Daraus ergab sich, dass Gleiwitz in die etablierte Kattowitzer Ökonomische Sonderzone integriert wurde. Diese bietet Investoren deutliche Steuervorteile, ebenso eine zehnjährige Befreiung von der Einkommenssteuer. Außerdem zieht die Zunahme der Autoindustrie in der Region eine Gründung von Zulieferbetrieben und neue Investoren nach sich.

Weitere bekannte Namen tragen zur Imageverbesserung von Gleiwitz bei, so hat der französische Hersteller St. Gobain eine Glaswollfabrik übernommen und eine Expansion für 45 Mio. Euro angekündigt. Die Anzahl der Tankstellen multinationaler Betriebe wächst ebenfalls stetig. (Domanski 1998, S. 39)

8. Fazit

8.1 Autorenfazit aus wissenschaftlicher Literatur

„Die finanziellen Mittel, die für die Regelung der oberschlesischen Umweltprobleme benötigt werden, lassen sich weder regional noch national tragen, hier ist vielmehr die Solidarität der (west-)europäischen Staaten für ein Altindustriegebiet vonnöten, das- aufgrund seiner einzigartigen geologischen Ausstattung und spezifischen Geschichte- zu dem Kulminationspunkt ökonomischer und ökologischer Probleme in Europa geworden ist. Doch bevor die europäische Ebene in die Behandlung der Probleme Oberschlesiens involviert werden kann, ist ein tiefgreifendes Verständnis der ökologischen Problematik in Oberschlesien auf nationaler Ebene in Polen nötig." (Kühne 2003, S. 60)

8.2 Persönliches Fazit

Das Oberschlesische Industrierevier und damit auch Gesamtpolen steht an der Schwelle zwischen Altlast und Fortschritt. Ich bin der Meinung, dass es in allererster Linie von Nöten ist, Probleme zu erkennen und dies ist in der GOP geschehen. Ausgefeilte Lösungsansätze sind noch nicht vorhanden, dennoch wird an einem Strukturwandel in der Wirtschaft und auch einem Umdenken und Handel im Bezug zur Umwelt gearbeitet. Viele kleine Schritte in die richtige Richtung sind passiert. Dies zeigt, dass Bemühungen vorhanden sind und ich denke, vor allem der EU- Beitritt wird Polen, trotz der auch damit verbundenen Auflagen, einen großen Antriebsschub und neue innovative Ideen und Denkweisen geben. Ähnlich dem Autor Kühne im Punkt 7.1 bin auch ich der Meinung, dass die europäischen Staaten zusammenarbeiten und Mittel und Möglichkeiten zur Verfügung stellen müssen, um „Problemkindern" wie Polen den richtigen Weg zu zeigen.

9. Bibliographie

CZAJA, S. (1997a): Anthropologische Umweltveränderungen im Oberschlesischen
        Industriegebiet (GOP). In: Geowissenschaften, „o. Jg.",
        12: 396 – 401
        (1997b): Der Einfluss des Menschen auf die Abflussregime der Flüsse im
        Oberschlesischen Industriegebiet. In: Erde, **128**, 2: 117 -129

DENUDATION, Microsoft® Encarta® Enzyklopädie 2001. © 1993-2000 Microsoft

        Corporation

DOMANSKI, B. (1998): Gliwice/ Gleiwitz, Oberschlesien: Erfolgssuche in einer
        Problemregion. In: Geographische Rundschau, **50**, 1: 35 -41

FISCHER, P. (2000): Erdkunde. Pocket Teacher ABI. Berlin: Cornelsen Verlag, 224 pp.

FUCHS, K. (1985): Beiträge zur Wirtschafts- und Sozialgeschichte Schlesiens.
        (= Veröffentlichungen der Forschungsstelle Ostmitteleuropa, 44),
        Dortmund: Forschungsstelle Ostmitteleuropa, 204 pp.

        (1990): Aus Wirtschaft und Gesellschaft. Beiträge zur Geschichte Schlesiens
        vom 18. – 20. Jahrhunderts. (= Veröffentlichungen der Forschungsstelle
        Ostmitteleuropa, 50), Dormund: Forschungsstelle Ostmitteleuropa,
        224 pp.

FRANK, F. (1995): Das Oberschlesische Industriegebiet. Ökonomische und ökologische
        Probleme eines Transformationsprozesses. In: Geographie heute,
        16, 130: 20 – 23

KOMAREK, E. (1998): Die Industrialisierung Oberschlesiens. Zur Entwicklung der
        Montanindustrie im überregionalen Vergleich. Bonn: Kulturstiftung
        der deutschen Vertriebenen, 391 pp.

KÜHNE, O.(2003): Oberschlesien – Systemtransformation und Umwelt in einem Alt-
        industriegebiet. In: Geographische Rundschau, **55**, 7\8: 54 –60

OBERSCHLESISCHES INDUSTRIEGEBIET, http://www.dmotschmann.de/katokart.htm

Zugriff am 14.01.2006

(nur Landkartenentnahme)

OBERSCHLESISCHES INDUSTRIEGEBIET, MASSSTAB 1 : 500 000 (1994),

in: Heimat und Welt. Atlas für Thüringen. 1.Auflage, Braunschweig:

Westermann Schulbuchverlag GmbH, p. 59

POLEN, http://de.wikipedia.org/wiki/Polen, Zugriff am 14.01.2006

(nur Landkartenentnahme)

RAT FÜR GEGENSEITIGE WIRTSCHAFTSHILFE, Microsoft® Encarta®

Enzyklopädie 2001. © 1993-2000 Microsoft Corporation

VOLZ, W. (1921): Die wirtschaftsgeographischen Grundlagen der oberschlesischen Frage.

Berlin: Verlag von Georg Stilke, 91 pp.

WELFENS, M. (1989): Umweltprobleme in Oberschlesien. In: Geographische

Rundschau, **41**, 6: 359 –372